走在陆地上的企鹅，看着非常好笑。

它们走起路来晃晃悠悠，前后摇摆，

企鹅

[美] 雷切尔·哈内尔 著

魏春予 译

浙江出版联合集团

浙江文艺出版社

Published in its Original Edition with the title
Penguins
Copyright © 2009 Creative Education. Creative Education is an imprint of
The Creative Company, Mankato, MN, USA.
This edition arranged by Himmer Winco
© for the Chinese edition：Zhejiang Literature and Art Publishing House

本书中文简体字版由北京 **Himmer Winco** 文化传媒有限公司独家授予
永 固 奥 码
浙江文艺出版社有限公司。
版权合同登记号：图字：11-2015-330号

图书在版编目（CIP）数据

企鹅/（美）雷切尔·哈内尔著；魏春予译. —杭
州：浙江文艺出版社，2018.1
ISBN 978-7-5339-4795-8

Ⅰ．①企… Ⅱ．①雷… ②魏… Ⅲ．①企鹅目－青少
年读物 Ⅳ．①Q959.7-49

中国版本图书馆CIP数据核字（2017）第045494号

策划统筹　诸婧琦　　　责任编辑　柳明晔　诸婧琦
装帧设计　杨瑞霖　　　责任印制　吴春娟

企鹅

作　者　[美]雷切尔·哈内尔
译　者　魏春予

浙江出版联合集团
浙江文艺出版社

出　　版
地　　址　杭州市体育场路347号
网　　址　www.zjwycbs.cn
经　　销　浙江省新华书店集团有限公司
印　　刷　上海中华商务联合印刷有限公司
开　　本　889毫米×1194毫米　1/12
印　　张　4
插　　页　4
版　　次　2018年1月第1版　2018年1月第1次印刷
书　　号　ISBN 978-7-5339-4795-8
定　　价　29.80元（精）

好像随时都会摔倒。

走在陆地上的企鹅，看着非常好笑。它们走起路来晃晃悠悠，前后摇摆，好像随时都会摔倒。它们的双脚小心翼翼地向前挪动着，像个腿脚不便的人。走累了，企鹅就趴在地上，肚子贴地迅速划过南极冰面，像一架长雪橇。不过，水里的企鹅可谓是如鱼得水。到了水里，陆地上笨拙的双脚就成了指引方向的舵盘，让企鹅在水中的动作优美而流畅。而那双陆地上毫无用处的翅膀就变成了强力螺旋桨，帮助企鹅俯冲进冰冷黑暗的深海寻找食物。这里才是企鹅的天堂，一年的大部分时间，企鹅都待在水里或者在离水很近的地方。

它们住在哪儿

帝企鹅
南极洲

巴布亚企鹅
南极洲及亚南
极群岛

王企鹅
亚南极群岛

帽带企鹅
南极洲

马可罗尼企鹅
亚南极群岛

皇家企鹅
又名白颊黄眉
企鹅
亚南极群岛

跳岩企鹅
南美洲南部岛
屿及广大亚南
极地区

洪堡企鹅
南美洲秘鲁海岸

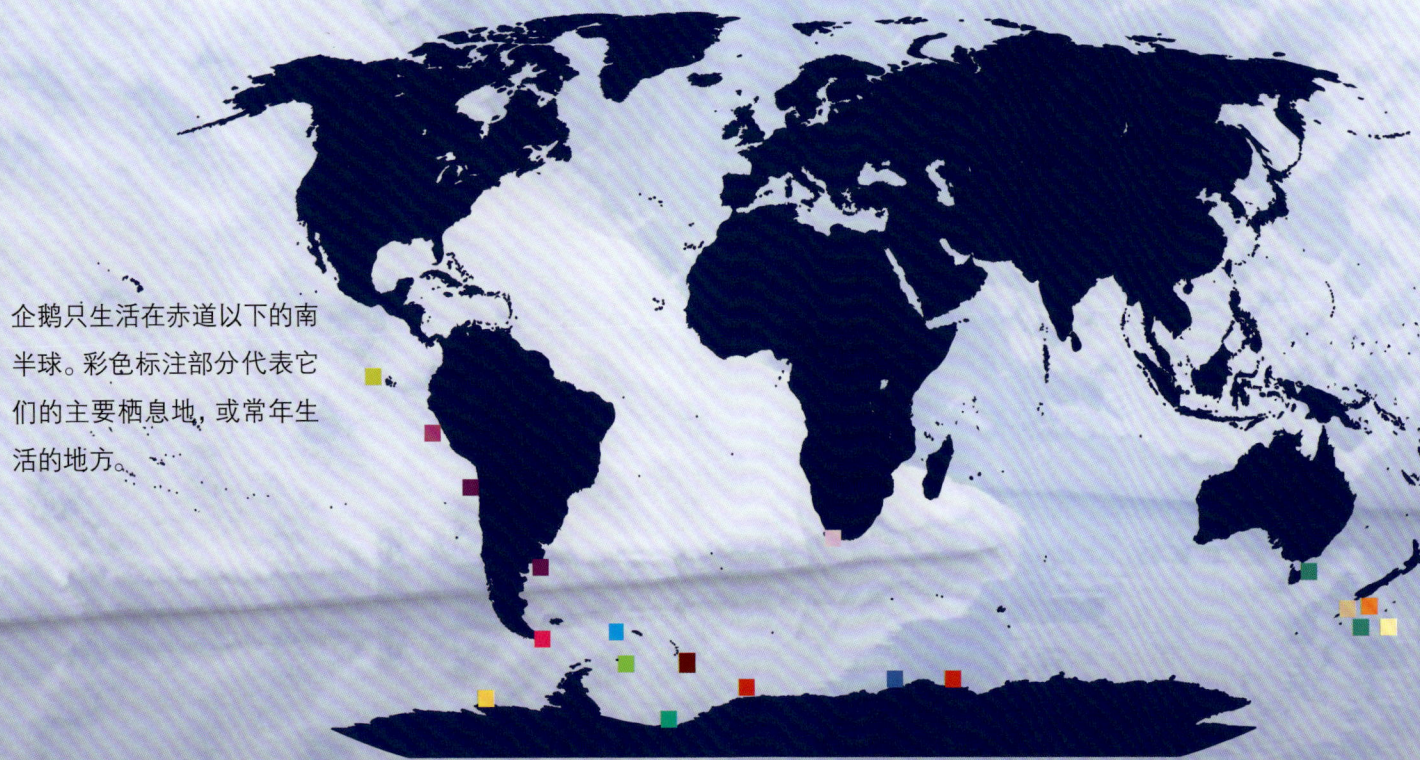

企鹅只生活在赤道以下的南
半球。彩色标注部分代表它
们的主要栖息地，或常年生
活的地方。

竖冠企鹅（无图）
新西兰东南部的四
个小岛

斑嘴环企鹅
非洲南端

麦哲伦企鹅
南美洲智利及
阿根廷海岸

加岛环企鹅
加拉帕戈斯群
岛，仅生活在群
岛南半球部分

阿德利企鹅
南极洲

黄眼企鹅
新西兰东部

小蓝企鹅
澳大利亚南部
及新西兰东部

斯岛黄眉企鹅
新西兰斯奈尔
斯群岛

黄眉企鹅
新西兰西南部

为水而生

企鹅虽不能飞，但仍被归为鸟类：企鹅目企鹅属。和大多数鸟类一样，企鹅有羽毛，有角质颌，口腔内没有牙齿，企鹅卵有大卵黄和坚硬的外壳。现存鸟类中，和企鹅最相近的是捕鱼为食的飞鸟，比如信天翁和海燕。

人们总是把企鹅和冰天雪地的南极洲联系在一起。然而，实际上企鹅广泛分布在南半球地区。它们生活在新西兰、澳大利亚、南美洲和非洲南端。南半球很多岛屿上也能发现它们的身影。其中，加岛环企鹅这个物种很特殊，它们生活在加拉帕戈斯群岛上，与海龟、海狮和鲨鱼为伍，这个群岛在赤道附近的热带水域。

体形庞大、黑白相间的帝企鹅大概算得上最著名的企鹅物种了。但是，除此以外还有其他16个品种的企鹅，它们全都长得不一样。体形最大的帝企鹅，重30—38千克。体形最小的可谓是"鹅

帝企鹅以体形庞大而著称。

企鹅是多栖鸟类，它们比其他物种更能适应地球的多种气候环境。

身上有带状花纹的斑嘴
环企鹅生活在非洲南端。

《南极条约》于 1959
年首次签订。20 世纪
90 年代，条约经过了修
订，保护生活在南极洲、
南极洲附近包括南美洲
南端的所有企鹅。

如其名"，叫小蓝企鹅或神仙企鹅，重约 1.1 千克。

　　17 种企鹅可以分为六组。两种最大的企鹅，帝企鹅和王企鹅为一组。第二组是有冠企鹅，它们的特点是头上有一撮毛，成员有跳岩企鹅、黄眉企鹅、斯岛黄眉企鹅、白颊黄眉企鹅、竖冠企鹅和马可罗尼企鹅。环企鹅的特点是胸口有一个花纹，这个组别包括洪堡企鹅、斑嘴环企鹅、麦哲伦企鹅和加岛环企鹅。阿德利企鹅、帽带企鹅和巴布亚企鹅属于阿德利企鹅属，又名扫尾企鹅组，因为它们的尾巴比较长，看上去像把小刷子。另外两组各有一种企鹅——黄眼企鹅和小蓝企鹅。

　　除开品种间的差别，企鹅有其独特的身体构造，方便它们在海水里自由徜徉，根据栖息地的情况保持温暖或凉爽。企鹅能像大船一样，毫不费力地穿梭于大海中。企鹅的短腿和脚掌位于身体特别靠后的地方，因此，企鹅走起路来前后摇晃。但是在水里，企鹅的腿、脚和尾巴合起来就成了有力的船舵，能带领企鹅去任何它想去的地方。

据统计，亚南极地区目前生活着 223 万对王企鹅。

洪堡企鹅以德国科学家亚历山大·冯·洪堡的名字命名，是这位科学家首先描述了它们。

企鹅的鳍足，或者说它们的翅膀，又短又宽，像独木舟的船桨。船桨似的翅膀帮助企鹅划水，向前行进。与其他鸟类不同，企鹅的骨头很重。能飞的鸟的骨骼都是中空的，因此能轻快地掠过天际。而企鹅的实心骨骼让它们能沉入水底。

　　尽管不同种类的企鹅看上去都有点不一样，可它们都有着深色的后背和浅色的肚皮。科学家相信，在海里这是很好的伪装。空中捕食者看向水面时，企鹅的深色后背与浑浊的深海融为一体。深海捕食者从下往上看到企鹅时，它们的白色肚皮和进入海水中的阳光又合二为一了。

　　在陆地上，企鹅只能依靠它们的双脚。企鹅的双脚带蹼，在水中游泳时能制造阻力。脚上还有三个爪子一样的脚趾，在陆地上能抓住冰块和石头。攀爬岩石的时候，企鹅有时也会用它们的喙来找个好着力点。

　　不管气候环境是温暖还是寒冷，企鹅总能保持体温恒定。通常来说，生活在南极洲及其附近

的企鹅比生活在靠北一些地区的其他企鹅体形更大。庞大的身躯能帮它们保存热量。有些企鹅生活在最冷月温度在-40℃至-70℃的酷寒地带，它们身上全部覆盖着羽毛。寒冷地带的企鹅身上，羽毛紧紧贴在一起，绝不让一丁点儿身体产生的热量溜出去。羽毛像屋顶的瓦片似的，一片片叠着，即使刮大风也吹不乱。除此之外，每片羽毛下独立的羽毛杆还能创造出另一层空间用以储存热气。生活在寒冷气候中的企鹅还会紧贴着皮肤储存一

层脂肪，这层脂肪叫作海兽脂。海兽脂可以帮助储存热量，如果企鹅缺乏食物来源，海兽脂还能转化成能量。部分企鹅的海兽脂层厚达2.5厘米。

生活在温暖地带的企鹅们知道怎么凉爽度日。一旦企鹅觉得太热，身体会把血液送往鳍足。鳍足上的羽毛很短，也就是说暴露出来的皮肤更多。空气在温暖的皮肤表面流动，能帮助降温。要想更凉快，企鹅会扇动翅膀，和人手拿着扇子扇风一样，这能带来一阵凉风。企鹅的身体还会把血

企鹅走起路来摇摇晃晃的，为了保持平衡，它们张开鳍足，伸向两边。

斑嘴环企鹅生活在温暖的沙滩上，移动起来非常轻巧。与生活在寒冷气候中的企鹅大不一样。

液送往面部。一般来说，生活在温暖地带的企鹅，眼睛和喙的周围都没有毛。通过脸部皮肤散热来降温的道理和鳍足一样。

企鹅黑白双色的外表也能帮助调节体温。企鹅要是觉得冷，可以用深色的背部朝向太阳，吸收阳光。如果企鹅已经很暖和了，它会把浅色的肚皮朝着太阳，保持凉爽。

不管生活在哪里，企鹅每天都会花上好几个小时梳理羽毛，确保羽毛的防水效果。企鹅用喙从尾巴上的腺体取油，把油涂在鳍足上，再用鳍足把油抹在羽毛上。企鹅大多数时间都待在水里，这种油能保证羽毛防水。羽毛暴露在风中和水中的时间越长，磨损得就越厉害。羽毛会变得越来越不防水，越来越没法保护企鹅的皮肤。所以，旧的羽毛会脱落，被新的羽毛代替，这个过程叫作换羽，每年一两次。

为了抓痒、梳理羽毛，企鹅总是表演杂技动作。

巴布亚企鹅用光滑石头砌成圆形的窝。
这只企鹅在窝里下了两个蛋，正小心翼
翼地看护着。

社交生活

企鹅是社会性动物，习惯群居而非独自行动。不过黄眼企鹅除外，这种企鹅更喜欢独自待着。企鹅最重要的社交时节就是交配期和繁殖期，每到这时，大批企鹅聚集在一起形成群栖地。这些群栖地中可能有成百上千对，甚至上百万对准备繁殖的企鹅。

到了夏季（南半球的夏季从 11 月开始），企鹅准备进行交配。它们会离开舒适的海洋栖息地，向陆地进发。雄企鹅会寻找筑巢的地方。温暖地带的企鹅会找一个洞或石缝，在里面垫上草、羽毛和树枝，避免卵受到光照。而在类似南极洲的广阔地带，企鹅会在尽量高的地方筑巢，让卵远离积雪。这些企鹅巢有时除了鹅卵石什么都没有。

雄企鹅找好心仪的筑巢地后，会张大喙发出刺耳的叫声。人类听起来，企鹅的尖叫声都一样，但对企鹅来说，每一只的叫声都独一无二。

雄企鹅欢呼着，它找到筑巢的地方啦。

企鹅既得盯着浑浊的海水，又要面对耀眼的太阳光，因此它们的眼部肌肉非常灵活，能改变晶状体的形状。

帝企鹅抱成一团自卫，同时也保护自己的蛋。

有的企鹅胃口特别大。帝企鹅一顿能吃 14 千克的鱿鱼或者鱼。

雌企鹅能凭借声音分辨出自己上一个繁殖季的伴侣。一旦结对成功，雌雄企鹅间的伴侣关系可持续数周。

雌企鹅每次产卵一到两个，所有物种的企鹅都一样，但产卵后的事情则各有不同。在帝企鹅中，雄企鹅负责孵化。它会轻轻地把蛋放在脚上，把肚皮叠在蛋上保温，直到雏企鹅准备好破壳而出。企鹅爸爸小心翼翼地保持着平衡，待孵化的蛋会在脚上放好几个星期，这期间它移动时都必须轻手轻脚。如果天气恶化，雄企鹅会抱成一团取暖，这样同时也保证卵的温度。

雄企鹅孵卵的时候，雌企鹅艰难地向大海移动，有时候它们甚至要走上 110 多千米才能来到冰雪尽头的开阔水域。在这里，雌企鹅尽情进食。吃饱喝足后，她会回到大本营，通常这是几周以后了。这时，雏企鹅已经孵化出来了，换饥肠辘辘的企鹅爸爸去海中觅食，妈妈负责照看刚出生的孩子。

帝企鹅和王企鹅是仅有的两种一次只孵化一颗蛋的企鹅。

新生帝企鹅总是和父母在一起。

企鹅蛋的平均孵化期是 35—40 天，像帝企鹅这种体积较大的物种，孵化期长达 9 周。雏帝企鹅刚从蛋里钻出来时，看起来就像个毛茸茸的小圆球，叽叽喳喳叫个不停。新生企鹅身上覆盖着银灰色、深棕色或是黑色的绒毛。雏企鹅的父母轮番喂食反刍过的食物。双亲中的一方会连续照顾雏企鹅两到八周，这是雏企鹅一生中比较危险的时候。企鹅小的时候，难以抵御严寒、暴雨、强风的袭击。弱小的雏企鹅如果离父母太远，很可能被饥饿的捕食者攻击。大型鸟类，比如贼鸥和大海燕，时不时地会在空中盘旋。

几周之后，雏企鹅长大了，能独当一面了，父母亲会双双离开去觅食。喜欢独处的企鹅品种中，雏企鹅常常是一个人。在大型群栖地，雏企鹅们自发聚在一起形成一个"托儿所"。父母返回后，会凭借宝宝们的叫声认出自己的孩子。

在脱掉身上的绒毛前，雏企鹅都必须和父母待在一起。对小型企鹅来说，象征成年的防水羽毛几周后才会长出来。新生帝企鹅则需等上一年才会长出成年羽毛。只有长出防水的羽毛后，企鹅才能下水。这也标志着小企鹅能离开父母独立觅食了。

企鹅非常爱吃，它们花大把时间在海里遨游，搜寻食物。企鹅吃三种海鲜：鱼、鱿鱼和甲壳动物，比如磷虾。企鹅嘴里坚硬的刚毛能帮助它们抓住滑溜溜的海鲜，一路送进肚子里。

尽管在繁殖期，有些企鹅会大批聚集，但它们通常会分成小群体靠近水中猎场。一旦进入水中，企鹅大多独自觅食，它们依靠视觉发现食物。只有在有光的时候，视觉才能派上用场，因此，它们必须在白天觅食。

觅食对企鹅来说并非总那么容易。猎物总是成群出现，形成鱼群。如果能找到鱼群，企鹅就能饱餐一顿，但想找到一顿丰盛的食物可能要花上好几天。企鹅是职业潜水员，能扎进深海中寻找食物。有的企鹅能潜到几百米的深度，还能待

磷虾是大多数海洋生物的主要食物来源，包括鲸鱼和海豹。

企鹅蛋和其他鸟类的蛋看上去差不多，里面却大不一样，企鹅蛋的蛋黄是红色的，这些是企鹅吃过磷虾后留下的色素。

王企鹅能潜到100米深的地方。

企鹅一生中75%—80%的时间都在海里，可以连续好几个月都不上岸。

上好几分钟。它们能在水中降低体温，减少对氧气的需求。

企鹅大部分时间都在水里，在这里它们将面对自己最大的威胁：捕食者。企鹅游得很快，速度能达到每小时14.5千米，但跟某些捕食者根本没法比，比如海狮、海豹和鲨鱼。不过，企鹅比大部分捕食者体形都小，它们能轻松地在水中穿梭，还能利用强壮的鳍足和腿跳出水面，再从另一个地方重新潜进水里。

在陆地上，企鹅相对更加安全，刚出生的雏企鹅除外。鸟类，例如秃鹫、海鸥和大海燕都是抓雏企鹅的惯犯。在温暖的地区，诸如野狗、野猫、黄鼠狼和狐狸喜欢偷蛋和抓雏企鹅。企鹅的平均寿命是15—20年，人工饲养的个体活得会长点。

喜爱冷水的阿德利企鹅眼周有个白圈，非常好认。

贼鸥是非常危险的捕食者，尤其是对雏企鹅而言。贼鸥以海鸟幼崽为食。

激发想象力

海象在岸上呼呼大睡，这时企鹅就能大摇大摆地从它们身边走过。

在最初的几个世纪里，只有生活在新西兰、澳大利亚、南美洲和南非的人了解企鹅。他们以企鹅为食，用企鹅的皮毛做衣服，但对自己地区外的企鹅一无所知。

直到 16 世纪，这些地区以外的人才发现了企鹅的存在。欧洲探险者在环游世界的航行中遇见了大量企鹅。他们被这种长相独特的生物震惊了。1578 年，英国探险家弗朗西斯·德雷克曾记录道：在南美洲南端猎杀了 3000 多只鸟。企鹅成了水手们脂肪与蛋白质的重要来源。水手们常常连续航行好几个月，却吃不到一点鲜肉。企鹅不惧怕人类，没把人类当作捕食者，因此水手能轻易接近并杀死它们。企鹅的无所畏惧，让后来的猎人和偷蛋者很容易得逞。

起初，捕食企鹅没有对企鹅的数量造成负面影响。然而，到了 19 世纪末 20 世纪初，人们发

现从企鹅身上的海兽脂中能提取大量油脂，屠杀企鹅变得普遍。企鹅油被用作颜料、皮革油的底料，也被制成灯油。

19世纪，生活在新西兰麦夸里岛的皇家企鹅是当时主要的油料来源。曾经，每天有2700只企鹅被杀。到了1920年，民众的抗议逼迫政府将该岛设为企鹅保护区，然而其他地方被杀的企鹅实

在太多，物种灭绝成为现实问题。幸运的是，民众抗议的呼声很高，取油被叫停。与此同时，人造化学品已经开始发展，足以替代自然油。这个发展来得正是时候，避免了企鹅完全灭绝。后来的 10 年里，企鹅数量又逐渐多了起来。

除了油和肉，企鹅皮也是它们被杀的原因。企鹅皮能做衣服、帽子和钱包。企鹅的羽毛有时

小蓝企鹅体形太小，不会因皮毛被捕猎，它们的主要威胁来自海狗。

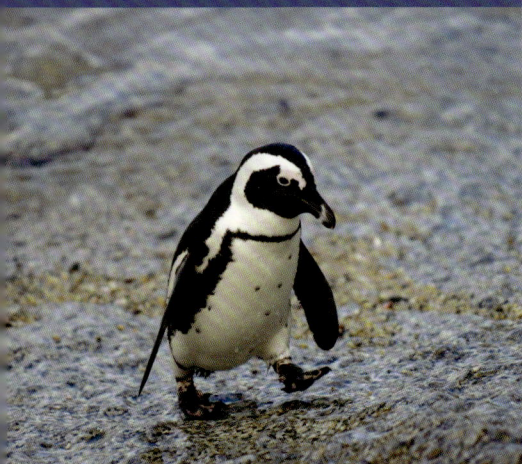

1981 年，一家日本公司希望每年捕猎 40 万头企鹅用作制造食物、油料和服装。民众抗议导致项目流产。

能用来填充床垫。在不久前的 20 世纪 50 年代，人们只用掏 25 美元就能在厄瓜多尔的港口买活的加岛环企鹅来吃。

企鹅数量堪忧的另一个原因是商业取蛋和取蛋习俗。南美洲的福克兰群岛每年 11 月用一周的时间取企鹅蛋。孩子们甚至会放假一天来参与这项传统活动。这一习俗一直保持到近几年。然而，这项习俗几乎破坏了所有的栖息地。私自取蛋的行为今天仍在发生，仍有狩猎监督员受贿放纵人们猎杀企鹅及偷盗企鹅蛋。现在，一部分企鹅物种被视为稀有、受威胁或有危险，但没有一种登上濒危物种名单。

黄眼企鹅是非常稀有的物种，据统计，目前仅有 5000 对生活在新西兰，且不断受到疾病、捕食者和栖息地破坏的威胁。例如，黄眼企鹅喜欢在凉爽的森林中筑巢，但越来越多的森林被砍伐，用作修建房屋和发展零售业。这逼得黄眼企鹅只能退而求其次，选择贫瘠地，和觊觎企鹅、企鹅蛋的捕食者们共享一片土地。黄眉企鹅生活在新西兰海岸，处境也相当危险，据估计，数量仅有3000 对。

不同保护组织对稀有、受威胁和脆弱的企鹅种类看法不同。洪堡企鹅生活在南美洲海岸的智利、秘鲁。据统计，20 世纪 60 年代有 50000 对，现在仅存 5000—6000 野生企鹅生育对，另有 900 对是人工养殖的。一些组织认为加岛环企鹅业已处于受威胁的境地。

19 世纪末 20 世纪初，人们对企鹅知之甚少。探险家专程到南极研究其环境及野生动物。环球旅行家及摄影师赫伯特·庞汀的《雪白的南极》首次披露企鹅照片并对其做出描述。这本书出版于 1933 年，书中对这种长相滑稽的生物的描写，赢得了读者的喜爱。19 世纪的诗人，例如美国诗人艾萨克·麦克莱伦，也被企鹅和它们独特的生存环境迷住了。20 世纪，第一对企鹅被送往了北半球的动物园，更多人开始了解这种奇特的鸟类。

阿德利企鹅是所有企鹅中长得最快的，幼崽很快就赶上了父母的体形。

跳岩企鹅在鳍足的帮助下在岩石间跳跃。

跳岩企鹅能跳上27米高的悬崖去找自己的窝，它们也因此而得名。

托各种电影和庞汀的福，尽管企鹅只分布于南半球，但全世界人民迅速了解了企鹅。漫画中，企鹅总是和北极熊一起出现，但事实上，它们生活在地球的两端。

企鹅怪异的举止让它们成了动画师笔下的宠儿。第一个企鹅动画形象出现在1953年，是动画师华特·兰兹创作的企鹅查理。企鹅查理戴着围巾和帽子，总是在想办法取暖。"穿晚礼服的田纳西"是20世纪50—60年代颇受欢迎的企鹅动画形象。

最近，企鹅成了一种流行文化现象。《帝企鹅日记》是一部讲述帝企鹅往返生育地漫漫长征路的纪录片，获得了2005年奥斯卡最佳纪录片奖。企鹅在2005年的动画电影《马达加斯加》中扮演了重要角色。该电影讲述了企鹅和其他动物逃出纽约市中心动物园的故事。在2006年，动画电影《快乐的大脚》上映。企鹅是电影里的唯一主角，为全世界的孩子带去了欢乐。

随着此类电影的成功，企鹅越来越多地出现在广告中。几十年来，企鹅一直是冰箱、制冷行业的吉祥物。不过现在，企鹅的业务范围可不止于此了。它们开始在可口可乐、黎明牌餐具洗洁精、贺曼牌贺卡的广告里崭露头角，甚至开始宣传接种流感疫苗的好处。

斑嘴环企鹅虽不常出现在电影里，却是最容易接触的企鹅种类。

不管是在雪地上，还是在水里，地表温
度对企鹅的影响都很大。

救救企鹅

自20世纪初期开始，科学家对企鹅的生活环境及它们独特的生活习惯有了更多的了解。他们认为企鹅由距今1.4亿年至6500万年前的一种飞禽进化而来，为了适应海洋生活，它们进化出了流线型的身材。研究人员在南半球各处均发现了企鹅化石，距今6000万年至5000万年，而在北半球则一无所获。

科学家密切关注着企鹅的数量，研究旅游业对企鹅健康的影响，试图发现它们是如何适应海洋环境的。科学家密切关注企鹅还因为它们是这颗星球的环境探测器。企鹅生活在各种地理环境中，对海水温度及南极冰面的变化非常敏感。

但是，研究企鹅并不容易。科学家必须去往企鹅生存的地方，不管是位于赤道附近的温暖水域，还是酷寒难耐的南极洲地区。但，大多数企鹅都不怕人，愿意让研究人员靠近。科学家们找

有的企鹅真的算得上大旅行家。阿德利企鹅要回到春季筑巢地，可能得迁移4800千米。

目前发现的最大的企鹅化石出土于 19 世纪末的新西兰。据估计，该企鹅重约 81 千克。

到企鹅后，会在它的翅膀上绑一根带子，用卫星进行追踪。这能让科学家精确掌握企鹅的行踪，监控技术还能同时监测当地的气温和气候。

企鹅数量锐减一直是研究人员担心的问题。各项研究不断推进，试图找到原因并扭转局势。20 世纪 90 年代末，在位于阿根廷海域的福克兰群岛，科学家们试图探究巴布亚企鹅、跳岩企鹅和麦哲伦企鹅数量减少的原因，后来发现是该地区商业捕鱼、捕虾的发展导致企鹅食物数量减少。科学家们建议福克兰岛政府限制捕鱼，但政府犹豫不决，因为捕鱼业是这里经济发展的主要动力。不仅如此，政府还为更多的国家颁发了捕鱼执照，导致海上出现了更多船只竞相捕捞。

其他研究则调查旅游业发展是否会导致企鹅数量减少。每年，上千名游客涌入保护区近距离接触企鹅。在新西兰的奥塔哥半岛，调查人员发现保护区里的黄眼企鹅幼崽比野生幼崽体重更轻。黄眼企鹅喜独居，一旦发现有人类在附近，黄眼

信天翁和企鹅

艾萨克·麦克莱伦

南半球海域里聚集着一群飞鸟，
它们是汹涌海浪中长着羽毛的暴君。
迂回盘旋地追寻海中的鱼群，
居高临下地紧跟弱小的飞鸟。
在麦哲伦海峡的暴风雨中穿梭，
在霍恩角陡峭的岩石壁上栖息。
它们盘旋着搜寻猎物，筑造巢穴，
在岛屿崎岖的峭壁上。
要经过深思熟虑，
才敢站上那突出的悬崖。
看看它们粗糙结实的鸟巢，
建在花岗岩石缝中。
它们在这里休息，远离人类的伤害，
巢穴边是澎湃的大海，是它们食物的来源。
海阔凭鱼跃，海底是周围一切的来源，
天高任鸟飞，海面是大海自由的领地。
大海之上，是蔚蓝的穹顶。
退潮后，去海滨奔跑。
去看铺满沙滩的五彩贝壳，
去搜集岩石上的红藻、海藻。
涨潮时，坐在岩石上，
仔细聆听空气中的一切声响。
待它们腾空而起，你便看到白色的一片——
所有这些都将心情推向愉悦的顶点。
南半球大海上的大信天翁，
是海洋部落里残暴的国王。

盘旋在高空，俯冲进深海。
急切地用鸟喙和利爪撕扯，
掠过海浪的鱼，闪闪发光，
或是紧紧抓住小型海鸟的翅膀。
远离人迹，远离陆地，
在高空中，它们自由飞翔、盘旋。
不扇动翅膀时，就像睡着了。
偶尔它们会停在孤零零的海滨上，
大多是为了交配和筑巢。
它们徜徉、掠夺，从不知疲倦——
日日夜夜，翅膀不停地扇动。
永远在潜行，觊觎着下一顿盛宴。
整个部落中它们只有一个朋友——
笨拙的企鹅，它们一起寻找
海上的不毛之地，
在那里，它们建筑巢穴，哺育后代。
鹈鹕、鸬鹚和海鸥，
都避免来到这是非之地。
这里，像一个危机四伏的营地，
这些鸟组成军团，遍地都是它们的帐篷。
信天翁和企鹅，在这里如鱼得水。
然而现在，它们寻觅的那些孤独圣地，
千百年来都不为人知，
安静、与世隔绝的戈壁滩
它们四处寻觅，逃离人类的伤害。

有观测显示，帝企鹅可以在海下 535 米的地方游泳，并能持续潜水长达 18 分钟。

企鹅便不会上岸喂食幼崽。而体重较轻的幼崽，存活概率也较低。

最新研究解开了企鹅为何能潜入深海、为何能长时间潜水的谜题。水下的压力是陆地上空气中的 40 倍，这说明在水下，企鹅体内会产生压力。在肺部，空气是压缩的。理论上来说，氧气难以传遍全身，难以输送至翅膀、鳍足和大脑。但科学家发现，企鹅在潜水时，会暂停各器官的血液供给，只留下心脏和大脑。因此，企鹅能长时间闭气。

尽管企鹅如今受到法律保护，它们仍面临种种威胁，气候环境的轻微变化都会对这些鸟造成很大影响。例如，南极冰层融化让帝企鹅岌岌可危。生育地原本坚固的冰层现在变薄了，企鹅蛋和雏企鹅很有可能会掉进水里。但并非所有改变都是坏事，有些地方变得温暖，例如南极半岛，冰雪融化创造出更多开阔水域，意味着企鹅能抓到的鱼也变多了。

但在其他地方，天气现象带来的气候变化，比如太平洋的厄尔尼诺现象会影响洋流。这会反过来改变鱼群的数量，从而影响以鱼为食的其他动物。比如，气候模式变化让加岛环企鹅的觅食地减少，企鹅找不到足够的食物，可能会跳过一个繁殖季，不交配，或者无法产卵。

人类持续威胁着今天的企鹅。在水里，人们无法侵占企鹅的生存空间，但在陆地上，人类和企鹅则在争夺领土。随着人口数量增加，商业用地和住宅用地的需求也不断增长，新西兰、澳大利亚、非洲和南美洲风景如画的海岸线城市尤为明显，而这里也是企鹅的聚居地。

在南极洲，新科考站设立后，人和企鹅之间的联系比以往更加紧密。科学家、游客和政府官员频频拜访附近的企鹅聚居地。现在，南极探险很常见，对普通游客也非难事，每年有几千名游客前往南极圈。

海洋污染，尤其是石油泄漏，同样威胁着水

不标记企鹅，科学家就得不到这么多企鹅的信息。

跳水前，企鹅会助跑。

王企鹅一小时能游 8 千米。巴布亚企鹅一小时能游 24 千米。

生野生动物的生命，比如企鹅。现如今，穿梭在海上的超级油轮数量前所未有地多，时刻存在船只石油泄漏污染海洋的风险。厚重、油腻的油附着在企鹅的翅膀上，它们却对此无能为力。企鹅比其他鸟更容易遭到石油泄漏的危害，因为它们大部分时间都在水里。2000 年，"宝藏号"货轮在南非开普敦沉没，油污祸害了近 20000 只不幸的非洲企鹅。

不过，近年来，企鹅颇受喜爱，这是个好兆头。之前也许并不了解这种生物的人现在能通过电影、电视和互联网等渠道了解更多关于企鹅的信息。保护区、保护组织、政府和个人开始行动起来，保护这种美丽而脆弱的鸟，人们的热情前所未有地高涨。越了解企鹅，越了解它们面临的威胁，我们能做的就越多，就越能让它们在地球上生存下去。

企鹅长时间游泳后，可以在冰川上休息，不用返回岸上。

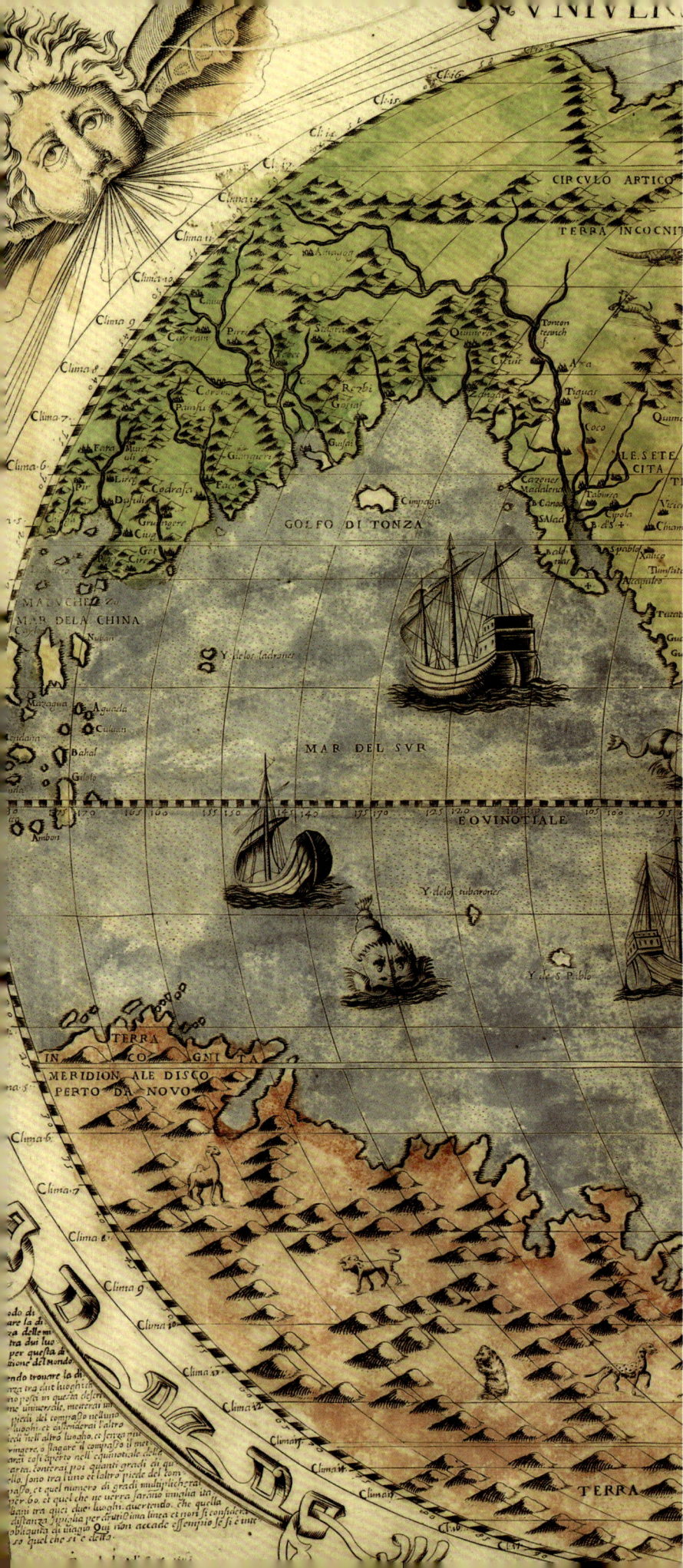

动物传说：
长相奇怪的鸟

早在几千年前，南非、南美洲、澳大利亚和新西兰的原住民就了解企鹅这种动物了。但是，企鹅和世界上的大部分动物不同，几乎没有关于企鹅的神话传奇故事。这种现象可能有几个原因：第一，直到 20 世纪，企鹅大多生活在南极的偏远地区，远离人迹。同时，住在企鹅栖息地附近的原住民与这种鸟类的联系也不如与其他动物来得紧密。企鹅大部分时间在水里，上岸只为了交配繁殖。加上南半球相对孤立，尤其是澳大利亚和新西兰群岛，企鹅的故事很难传播到其他大陆去。

直到欧洲探险家航遍南半球，企鹅的故事才流传开来。最初，水手们不知道这种长相奇特的生物是什么，之前他们从没见过这样的鸟。关于企鹅最早的记录来自 15 世纪和 16 世纪。航行途中，水手在非洲、南美洲、澳大利亚和新西兰海岸遇见了企鹅。1497 年，葡萄牙探险家达·伽马的远征船队经过了南非。他们这么描述企鹅："和鸭子差不多大，但不会飞，因为它们的翅膀上没有羽毛。"远征船队的匿名作者还记录道："企鹅的叫声非常独特，像骡子的嘶鸣。"

1519 年，意大利航海家安东尼奥·皮加费塔被西班牙国王指派进行环球航行。和麦哲伦一同航行期间，皮加费塔对见闻和经历做了详细的记录。船队绕过南美洲南段时，皮加费塔看到了一种奇怪的鸟：

"接着，顺着向南极圈进发的航线，我们沿着海岸航行，发现了两座岛屿，岛上全是鹅、幼鹅和海狼。鹅的数量太多了，难以估量。我们花了一小时把所有船都装满了鹅。这些鹅是黑色的，身材大小差不多，长得都一样，全身长满羽毛，这些鹅不会飞，吃鱼为生。"

几乎可以肯定，皮加费塔笔下的"鹅"和"幼鹅"就是企鹅。也许你会觉得奇怪，皮加费塔怎么会把外貌奇特的企鹅和鹅混淆在一起。但是，有学者表示，皮加费塔和他的手下把所有的鸟都叫作"鹅"，把这个词当作一种通用术语。

　　"企鹅"一词出现于 16 世纪，含义尚有争论。有人认为，威尔士水手在南美洲看到了这种鸟，将其命名为 pengwyn，意为"白头"。这个词也有可能来源于西班牙语 penguigo，这是北半球一种已经灭绝了的大海雀，这种鸟的颜色和企鹅非常类似。

小词典

【水生】
生长在水中的。

【伪装】
依靠颜色融入现有环境的隐藏能力。

【商业化】
以商用获取利益为目的，而非出于私人原因。

【"托儿所"】
被保护的地带，小企鹅聚在这里，躲避来自天气和捕食者的危险。

【甲壳动物】
诸如虾、螃蟹等水生生物，体外有一层硬壳。

【绒毛】
企鹅紧贴皮肤的一层细软毛，帮助储存热量，保持体温。

【厄尔尼诺现象】
太平洋的天气模式，表现为风力减弱，水温升高。

【侵占】
逐渐侵入另一方的空间，越过预定的界线。

【野生动物】
未经驯化的动物，生活在野外或离开驯化返回野外的动物。

【标志】
总是与某事物联系起来的形象。

【孵化】
保持卵的温度，保护卵直到幼崽破壳而出的过程。

【磷虾】
体形小，像虾一样的生物，大量群居，是南极洲食物链的基础。

【整理羽毛】
鸟类用喙梳理清洁羽毛的行为。

【反刍】
某些动物把粗嚼后咽下的食物回到嘴里细嚼并咽下。

【群栖地】
企鹅大量聚集、筑巢和生育的地方。

【舵】
帮助船只在水中控制方向的操向机械。

【庇护所】
避难或被保护的地方。

【超级油轮】
在世界范围内运载石油等货物的大型船只。

【鞣制】
将动物皮做成皮革的过程。

部分参考文献

Chester, Jonathan. The World of the Penguin. San Francisco: Sierra Club Books, 1996.

Fontanel, Beatrice. The Penguin: A Funny Bird. Watertown, Mass.: Charlesbridge, 2004.

Lynch, Wayne. Penguins! Willowdale, Ontario, Canada: Firefly Books, 1999.

Rivolier, Jean. Emperor Penguins. London: Elek Books, 1956.

Simpson, George Gaylord. Penguins: Past and Present, Here and There. New Haven, Conn.: Yale University Press, 1976.

Webb, Sophie. My Season with Penguins: An Antarctic Journal. Boston: Houghton Mifflin Company, 2000.

注意:

我们力保以上罗列的网站在本书出版之际仍保持运营。但由于互联网的特性，我们不能确保这些网站能无限期活跃，也不能保证里面的内容不会改变。

*本书动物科学知识由浙江大学动物科学学院徐子叶女士审订。

企鹅肚子贴地在雪中滑行的动作，叫
作平底雪橇滑行。